小学生
趣味
大科学

地球的绿肺
热带雨林

恐龙小 Q 少儿科普馆 编

吉林美术出版社 | 全国百佳图书出版单位

目录

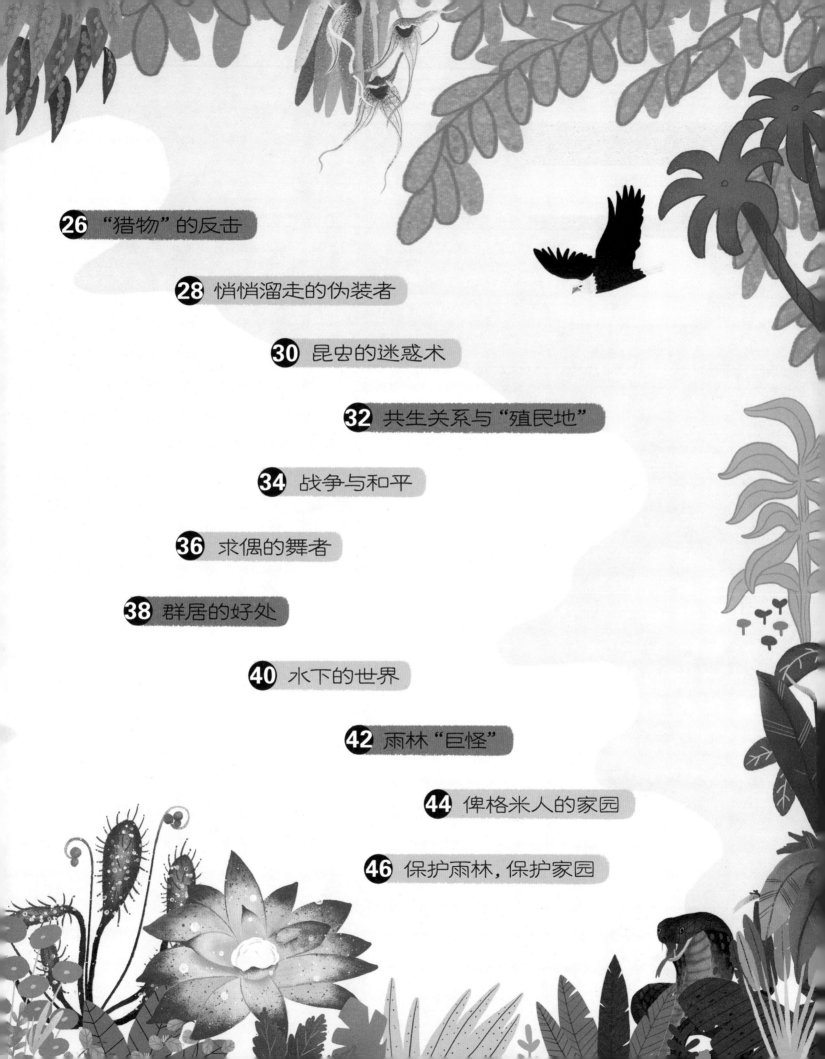

雨林中除了植物，还有很多有趣的动物：在树林间悠荡的长臂猿、趴在树干上一动不动的树懒、隐藏在灌木丛中一时难以察觉的变色龙等等。

嘿嘿，人类从未发现过我。你想知道我是谁吗？

人们从热带雨林的植物中提炼药物，比如奎宁；获取我们熟悉的食物，比如可可、鳄梨。

热带雨林是世界上最大的"药房"，有超过25%的现代药物的原料来自这里。

小知识

热带雨林主要分布在南美洲亚马孙河流域、非洲刚果盆地，以及亚洲的马来群岛等地。热带雨林中的物种数量占全球物种总数的一半以上，至今仍有很多物种尚未被发现。

高空中的乐园

大白天的，猫头鹰出来做什么？

一些乔木的高度超过 65 米。

高大的乔木从成片的树冠中伸出"脑袋"，吹着上空湿润的风，晒着炙热的太阳。有些鸟类会在树顶筑巢，并抚育后代。

树冠横向生长，形成了密集的厚厚的一层。

哼，我可不是一般的猫头鹰。

树木努力向上生长，想要触碰从高层树木的树冠里漏下来的阳光。

热带雨林中的大部分生物生活在树冠之间，这里有叫不出名字的藤本植物，还有附着在其他植物表面生长的附生植物，从色彩到形态，无不让人眼花缭乱。

枝杈交错的树冠里，还有很多种猴子正在警惕又好奇地观察着四周的环境，并且发出奇奇怪怪的声音。鹦鹉、猫头鹰、大犀鸟等鸟儿也生活在这里。

雨林里好像来了一只新的猫头鹰，它是谁？

吼——吼——吼——

热带雨林的上层——冠层的光合作用速率高，因此这里有大量的植物叶片，能够吸引以植物叶片为食的动物们。

小知识

冠层是热量、水汽重要的交换地，在调节区域及全球气候等方面起着重要的作用。

树冠下的王国

吭，吭。

啊，我发现白蚁窝了！

距离地面 10 米以内的空间，是幽暗、平静的灌木层和地面层。冠层在阻挡风雨的同时，也阻挡了大量的阳光，林下的动植物能够得到的光照少得可怜。在这里，无数的种子在微弱的光线下发芽，但茎干却无法长高。

我还没吃饱，要不要下水捉条鱼？

绿茸茸的苔藓、地衣等植物杂乱地分布在林间，枯枝败叶和板状根随处可见。刺豚鼠、犰狳、野猪、食蚁兽在林间嗅来嗅去，寻找食物。

雨水汇集形成雨林中的溪流和大河，河流将树木分隔开，树冠之间出现巨大的裂缝，使阳光能洒向地面，渴望阳光的植物在这里密集生长。能做出这种贡献的还有轰然倒下的大树，大树倒下后，先驱植物很快就会占据有利于生长的位置。

雨林中竟然有这么多我叫不出名字的小动物，真是太神奇了！

幸好我带了望远镜。

这只鹤鸵真是慢吞吞的！我再等等。

小知识

热带雨林中的植物整年都能进行光合作用，植物的光合作用能够吸收二氧化碳，释放氧气。位于南美洲的亚马孙热带雨林产生的氧气量占全球氧气总量的三分之一，因此它有"地球之肺"的美誉。

美丽的空中花园

雨林中的藤本植物要爬到高处才能获取足够的阳光，因此它们必须攀附其他植物生长。附生植物则用根将自己固定在大树的树干上，依靠腐烂的叶片、动物排泄物以及空气中的水汽生长。在能提供所需"食物"的沟槽、洞穴、裂缝、窟窿中，石斛、星蕨、青毛藓、树萝卜、松萝、长果藤、积水凤梨等附生植物占领了大部分有利的生长空间。

对藤本植物和附生植物来说，这种生活方式是最好的选择，因为这样不仅能够获得更多的光照，也能接触到更多的冠层动物，而这些动物则承担着为它们传播花粉和种子的职责。

不远处的树枝上有条蛇，你确定要爬上去吗？

我可以顺着长藤爬到高处去。

在树与树之间生长的藤本植物，它们的叶片数量占冠层叶片总数的40%左右。

积水凤梨的叶片呈螺旋状分布，叶片中央就像个小型水库，在保证自身需水量的同时为动物提供水源。

在长成箭毒蛙之前，你就在"托儿所"里待着吧。

妈妈，记得回来看我呀！

箭毒蛙会将已经孵化的蝌蚪寄养在这个"小水库"里，以此躲避天敌。

11

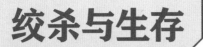

绞杀与生存

热带雨林里的植物会呈现出奇怪的姿态，比如这棵歪歪扭扭的大树，依附它生长的藤蔓在盘旋生长的过程中不断将它缠紧，它只能被迫改变了生长形态。

还有它旁边的那棵大乔木，寄生无花果树向下生长的气生根交织成网状，将它包裹起来。气生根插入乔木根部的土壤，抢夺养分和水分，一段时间后乔木就会被寄生无花果树杀死，随后倒塌、枯烂。

救命啊！我的脖子被勒住啦！

我是一个冷酷难缠的杀手。

我快窒息了！

气生根是暴露在空气中的不定根，能够起到吸收空气中的水分和支撑植物向上生长等作用。

这类能杀死树木的植物被称为"绞杀植物"，被绞杀的树木在枯萎后还可以为绞杀植物提供营养物质。

板状根是热带雨林中的乔木最突出的特征之一，它是树干基部生出的板状不定根，看起来非常壮观。高大乔木的板状根以辐射状紧抓地面，帮助"头重脚轻站不稳"的乔木抵抗狂风暴雨的袭击。通常，板状根在土壤薄的地方更容易形成。

小知识

虽然热带雨林是地球上物种最丰富的地方，但这里的土壤并不肥沃。

热带雨林常年温度较高，有机质分解和养分再循环的速度比较快，土壤来不及积累养分。再加上频繁的雨水和地表径流会溶解并带走大量养分，因此只留下呈酸性的不肥沃的砖红壤。

站得稳才能长得高，长得高才能尽情地晒太阳。

快过来看这条板状根，好壮观哪。

物竞天择，适者生存

进入雨林深处后你会发现，其实桑科榕属植物才是这里真正的王者。

榕树会长出许多悬挂的气生根，气生根向下生长伸入土壤后不断变粗，形成"支柱根"。有些长寿的榕树的支柱根有上千条，加上横向伸展、遮天蔽日的树冠，不知情的人还以为进入了一片树林，因此人们称这种现象为"独木成林"。

这棵大榕树真是绝佳的避雨场所。

快滴到我嘴里来！

雨林中还有一种适应环境的典型现象叫"滴水叶尖"。雨林中很多植物的叶片末端是细长的，凝结的水滴或雨水会顺着叶尖滴下。

累死我了。咦，怎么还在这棵树下？

在雨林中，有些树木的花朵、果实不是长在树冠和枝条上的，而是在树木中下部的茎干上开花、结果，比如菠萝蜜。这种现象被称作"老茎生花"。

明明是果实太低了。

嘿，我长高啦。

在雨林中，传播花粉的昆虫和其他动物经常在冠层下活动，中下部的茎干是最容易被它们触碰到的地方，因此这些树木选择了这种容易被传播花粉的生长习性。

一场大雨过后，雨林里的真菌从各处冒出了头。它们靠分解枯枝落叶吸收其中的营养为生，它们的生长速度很快，但生命却很短暂，往往只能存活一两个小时。

暗夜捕猎手

麝雉的身体会散发出一种浓烈的霉味，所以它们又被称为"臭鸟"。

哎呀妈呀，吓死我了！

雨林里的光线渐渐暗淡后，一些真菌开始发出绿幽幽的光。

这些真菌为什么会发光呢？原来，它们体内有一种叫荧光素酶的特殊物质，在荧光素的氧化过程中，荧光素酶能起到催化作用，从而使它们发光。荧光能吸引昆虫，昆虫可以帮助这些真菌传播孢子，让其繁衍后代。

在荧光为雨林增添神秘感的同时，白天不见身影的夜行动物也开始活动了。各种蛙类通过特殊的叫声寻找伴侣，此起彼伏的鸣叫声为雨林之夜奏响了开幕曲。

天哪！在哪儿？我得立即躲进帐篷里。

呱，呱。

呱，呱。

呱，呱。

我的红眼睛可不是为了好看，而是为了吓退敌人。

蝙蝠是热带雨林中种类最丰富的动物，其中吸蜜蝙蝠具有良好的夜视能力，可以帮助它们在夜间寻找食物。

小心！在你右前方 5 米处，有一条睫角棕榈蝮！

拥有迷人外表的睫角棕榈蝮实际上是致命毒蛇，它的毒液含有能攻击血液和身体组织细胞的酶，人被咬到后常常会因心脏骤停而死。

鼷鹿、无尾刺豚鼠也出门了，它们在寻觅植物的花、叶和果实。

绝技飞行员

鼯鼠是夜间的"飞行员",它的前后肢之间有宽而多毛的翼膜,它借此在树林间滑翔。鼯鼠的滑翔距离可以超过 200 米。

对面的树上有坚果,我得赶紧"飞"过去!

糟了,快逃!

雨林中拥有这种滑翔翼膜的"飞行员"还有飞蜥。飞蜥的身体两侧沿肋骨连接着一层翼膜,翼膜就像一个降落伞,能帮助飞蜥躲避猎食者,滑翔到安全的地方。

"飞"？你以为我不会？

天堂树蛇的"飞行技能"是将自己的肋骨展开做"翅膀"，然后再横向滑翔。天堂树蛇的滑翔距离可达 100 米。

高手过招！

招招致命啊。

飞蛙

不就是"飞"嘛，小·意思！

飞蛙也会"飞行"。飞蛙的四只脚比较大，脚趾间有蹼膜，张开时相当于四个小降落伞，能帮助飞蛙在林间滑翔。它一次能滑翔十几米远。

鼯猴是雨林中体形最大的滑翔哺乳动物，从颈部、前臂、后足到尾端有翼膜，它借此在树林间滑翔。鼯猴白天倒悬在树上，夜间才在树林间滑翔、觅食。

这些"绝技飞行员"虽然在滑翔时可以改变方向，但不能由低处"飞"向高处。

鼯猴

在林间悠荡

雨林深处，是最容易遇到灵长类动物的地方。表情搞怪的狐猴以家庭为单位结群生活。狐猴与其他猴类的不同之处在于，它们在运动过程中会先屈体，然后再连续跳跃。

蛛猴有着细长的四肢和尾巴，在树上攀爬时很像一只大蜘蛛。蛛猴毛茸茸的尾巴长 60—92 厘米，它们可以用尾巴缠住树枝荡来荡去。蛛猴在遇到入侵者时会发出警告声，同时不断向入侵者投掷树枝和粪便。

蛛猴

狐猴

你觉得我像一只大蜘蛛吗？

吼猴经常张着圆圆的嘴发出震耳欲聋的吼声。它们的舌骨发达，在晨昏活动、遇到敌人或争夺地盘儿时，会发出巨大的吼声。

吼，吼。

吼猴

你们别叫啦！5千米外的地方都能听到你们的叫声啦。

如果再多几只吼猴冲我吼叫，我的耳朵大概会聋掉吧。

来呀来呀，来抓我呀！

长臂猿

竟然敢挑衅我！哼，不要小看我的速度和力量。

长臂猿用前臂抓住树枝，轻轻一荡便能将身体抛出去，距离可超过 10 米。它们前臂交替摆动时，能只手逮住飞过的鸟儿。

雄性长鼻猴的鼻子看上去就好像是在脸上挂了一个茄子状的红气球。它们的长鼻子是随着年龄的增长而不断长长的，最终长度可达 8 厘米。激动的时候，它们的鼻子会向上挺立或上下摇晃。

长鼻猴

真香甜，只是我英俊的长鼻子有点儿碍事。

懒猴

懒猴又叫"蜂猴"，它们动作缓慢，只有在受到攻击时才会加快速度。懒猴是目前已知的唯一一种有毒的灵长类动物，它们会舔舐手肘内侧的毒腺，毒腺分泌出来的物质与唾液混合后，就会形成毒性很强的毒液。

称职的父母

在雨林深处，我们可以见到人类的近亲——黑猩猩。

黑猩猩生活在非洲中部和西部的热带雨林中，过着群居生活。它们白天的时候在地面上活动，晚间会在树上筑巢过夜。黑猩猩是一种很聪明的动物，也是少数会使用工具的动物之一。它们会用牙齿将树枝上的树皮撕掉，然后将树枝伸进蚁穴让蚂蚁爬到树枝上，接着将爬满蚂蚁的树枝拔出来，吃掉上面的蚂蚁。

雌性黑猩猩是动物界最称职的母亲之一，它们照顾后代的时间长达 10 年之久。在这段时间里，幼年黑猩猩会通过观察母亲的行为来学习各种生活技能，还会从不断尝试中获得更多的生存之道，比如它们会通过大量的实践改进捕捉白蚁的方法。

怎么办？怎么办？我一只都打不过呀！

妈妈！

雄犀鸟

箭毒蛙夫妇是雨林中称职的父母。为了让后代健康成长，雄性箭毒蛙会将小蝌蚪放在精心准备的"托儿所"里——凤梨科植物顶端的小水洼中。当小蝌蚪需要食物的时候，雄性箭毒蛙会发出叫声，唤来雌性箭毒蛙。雌性箭毒蛙到来后，会将一枚没有受精的卵产在小水洼中，这枚营养丰富的卵就是小蝌蚪理想的食物。

雄犀鸟是雨林中为数不多的称职的父亲。雌犀鸟产卵后会住在树洞里，并用自己的排泄物混着种子、朽木等堆在洞口，雄犀鸟则用湿泥等将洞口封住，仅留下一个缝隙。雄犀鸟每天都会为一家人寻找食物，并通过这个缝隙给雌犀鸟喂食。

隐藏的杀手

雨林里其乐融融的景象比较少见，这里更像是一个危机四伏的战场，生命之间的较量此起彼伏。

猪笼草是植物界著名的食肉杀手，它的捕虫囊内壁布满了向下的绒毛。昆虫被它芬芳的花蜜吸引，想飞到捕虫囊边上一探究竟，一不小心就会落入囊内的消化液中爬不出去，成为猪笼草的食物。

放我出去！

猪笼草

我的脚呢？我的手也不见了！

茅膏菜

茅膏菜会分泌一种有黏性的消化酶，昆虫落在上面后会被黏住，越挣扎茅膏菜释放的消化酶就越多，昆虫很快就会被分解成茅膏菜可以吸收的营养物质了。

捕虫囊顶部的盖子可以防止雨水落入囊内，这样消化液就不会被稀释了。

前肢第 77 根毛感受到前方 10 厘米处有一阵微动。

应该是只甲壳虫在移动，体形小于 1 厘米。

跳蛛

跳蛛依靠敏锐的视觉捕猎，它们的眼睛能分辨猎物的细节和颜色。跳蛛能够蹦起来捕食猎物，这是因为它们后腿的液压结构可以产生足够大的反弹力。

"猎物"的反击

在充满危险的雨林里，"猎物"就只能坐以待毙吗？当然不！为了生存，植物和动物进化出了"化学武器"或"物理武器"来保护自己。

豆科和茄科植物才不怕那些不停找叶子吃的动物呢。豆科相思子的种子里含有相思豆毒蛋白，捕食者误食后会中毒，严重时甚至会丧命。颠茄的叶、果实和根部都含有生物碱，会麻痹捕食者的神经末梢。

但是，它们也会有失败的时候。透翅蝶幼虫天生对颠茄的毒素有免疫力，它们不光食用颠茄，还会将颠茄的毒素储存在体内用以保护自己。有些透翅蝶长大后还会吸食有毒的花蜜，借此在自己体内产生毒素。

无毒动物看起来毫不起眼，它们躲躲闪闪，生怕自己被捕食者发现。而有毒动物则常常披着鲜艳、惹眼的"外套"到处招摇，毫不把捕食者放在眼里，箭毒蛙就是如此。箭毒蛙吃了以毒草为食的蚂蚁后，它潮乎乎的皮肤就会分泌出致命的毒素。雨林里的土著居民会将这种毒液涂抹在用来打猎的箭头上，这也是箭毒蛙名字的由来。

我不能呼吸了！

颠茄

透翅蝶

别看我的翅膀透明易碎，我可是有毒的。

透翅蝶幼虫

那些没有"化学武器"的家伙怎么办呢？绒蛾幼虫选择浑身长满鲜艳的长毛吓退捕食者；有些蚱蜢的骨骼外面长着尖刺，使捕食者无处下口；胆小的龟甲虫在遇到危险时会立刻把脚和头缩进壳内。

悄悄溜走的伪装者

在雨林里，我们看到的树叶、树枝、树皮、苔藓、岩石、地衣，甚至动物的粪便，都有可能是善于伪装的动物伪装出来的，很可能它们下一秒就会从你的眼皮底下溜走。

兰花螳螂的颜色和身体结构和兰花非常相似，其他以花蜜为食的昆虫也会被它们的外形吸引，从而成为它们的美食。

叶尾守宫的身体呈褐色或绿褐色，它们身上的斑纹和树皮相似，可以和树皮融为一体，所以即使敌人就在身旁也很难发现它们。

叶尾守宫

只要我不动，你就看不到我。

兰花螳螂

其实，我比兰花更漂亮。

如果我动了，你只会以为是掉了片叶子。

叶䗛（xiū）

竹节虫伪装的是竹节或树枝，它的近亲叶䗛伪装的则是叶片。叶䗛绿色或褐色的身体上连"叶脉"都清晰可见，当它随风摇曳或悄然飘落时，谁能想到那会是一只虫子呢？

昆虫的迷惑术

伪装者的高超之处在于它们能长时间一动不动，和周围的环境融为一体。那如果它们停留的地方不合适，或者它们最终被捕食者发现了，那该怎么办呢？

好家伙，连我都被骗过去了。哼！

哪有！我的食谱里没有它。

猫头鹰蝶

还好你被它迷惑了，不然你会吃了它，对吧？

凤蝶

别担心，除了伪装术之外，有些动物还会"迷惑术"。就像人类在战争中使用的"声东击西""调虎离山"等计谋一样，它们才不会把身体的要害部位暴露在敌人面前。

猫头鹰蝶的翅膀上有类似猫头鹰眼睛的斑纹，虽然眼状斑纹常常会被鸟儿啄破，它们却也因此保住了性命。

凤蝶在飞舞时，会抖动长长的尾巴，让敌人误以为那是触角，进而扑向尾巴的根部。

双线蟓象的后肢上有宽阔、扁平的足部肢节，看起来就像肥美的腹部。饥饿的鸟儿会先从这里下口，双线蟓象因此有了逃生的机会。

长鼻蜡蝉的头顶部延伸出一个较长的中空部分，看起来很像昆虫的腹部，它们以此来吸引鸟儿的注意。如果这招失败，它们就会张开翅膀，露出翅膀下闪闪发光的眼状斑纹进一步迷惑敌人。

很多蜥蜴都有漂亮的尾巴，当遇到敌人追捕时，它们会"断尾求生"。脱落的尾巴离开蜥蜴的身体后，还会剧烈地晃动吸引敌人的注意，为蜥蜴赢得宝贵的逃生时间。蜥蜴断尾之后还会再长出一条新的尾巴。

共生关系与"殖民地"

雨林中，有些生物并不怕其他物种的打扰，相反非常需要和对方建立联系，甚至形成无法割裂的合作关系。蚁栖树和阿兹特克蚁就是如此。

蚁栖树的树干和枝条是中空的，中空的枝条常被人们用来制作吹奏乐器，所以蚁栖树也被称为"号角树"。

阿兹特克蚁在蚁栖树内部筑巢，遇到企图侵害蚁栖树的生物会毫不留情地将其驱离。同时，它们还会为蚁栖树传播花粉，收集食物时带来的有机物也能被蚁栖树吸收。

蚁栖树的叶柄基部会分泌一种叫"穆勒尔小体"的物质，这种物质富含蛋白质和脂肪，是阿兹特克蚁非常喜欢的食物。

你是谁？来这里做什么？

我只是迷路了，放我走好吗？

快说！

好恐怖，我们该不会是进入巫师的地盘儿了吧？

这世上哪有什么巫师，不要迷信。

物种间互相依赖的"共生关系"也会出现极端的情况，比如柠檬蚂蚁树和柠檬蚂蚁。柠檬蚂蚁树的树干是柠檬蚂蚁的"殖民地"，好斗的柠檬蚂蚁利用独特的蚁酸清除居所周围所有的植物。作为回报，柠檬蚂蚁树会在柠檬蚂蚁的活动范围内无限制繁殖，不断为它们扩大家园，形成"魔鬼花园"现象。

排好队！开始前进！

一个"魔鬼花园"内通常居住着上百万只工蚁和上万只蚁后，蚁群的定居时间长达数百年。

战争与和平

　　捕鸟蛛能织网、能放毒，大的捕鸟蛛和成年男性的拳头差不多大，但它的天敌却是个头儿比它小的猎蛛蜂。猎蛛蜂会先将捕鸟蛛麻痹，再把卵产到它的身体里，幼蜂孵化后就靠吃捕鸟蛛的体内组织长大。

　　喜欢吃同类，被称为"蛇类煞星"的眼镜王蛇，在遇到体形比它小、长相乖巧的蛇獴时也会瑟瑟发抖。蛇獴在已经吃饱了的情况下，仍会将遇到的毒蛇咬死。

　　在自然条件下，这种"吃与被吃"的关系维持着物种间的数量平衡，同时形成了独特的生态系统。

救命啊！这个家伙把卵产在了我够不着的地方！

我刚吃饱，但这条大家伙看起来挺好玩的。

我是植物，是生产者。生产者在生态系统中处于最重要的地位。

生产者：能通过光合作用制造有机物的绿色植物、藻类等。

分解者：包括各种细菌、真菌和一些食腐原生动物等。并把这些化合物和元素释放归还到环境中去，供生产者再次利用。它们能把动物和植物产生的复杂有机分子分解还原成较为简单的化合物和元素。

人类是消费者，吃植物也吃动物。

我是"蛇类煞星"，跑了岂不是很没面子。可是我好怕呀!

植物有什么好吃的，真想不明白。

人类有不吃的东西吗?

热带雨林永远是表面平静私下却暗流涌动的战场，所有参与战斗的动植物都为生存拼尽全力，连那些拥有致命武器的"杀手"也不例外。

生态系统包含无机环境、生产者、消费者和分解者四个基本组成成分，它的稳定能带给雨林长久的和平。

求偶的舞者

　　繁衍，是大自然中所有生物的终极目标。动物们除了要想方设法地活下去以外，还要找到可以繁衍后代的配偶，为此它们各有绝招。

　　雨林里最美妙的求偶方式是鸟儿们的舞蹈。

　　雄性动冠伞鸟拥有橙红色羽毛和半月形头冠，它们聚在一起，一边摇动头冠一边扇动翅膀，拥有暗淡的褐色羽毛的雌鸟们则在一旁观看这场盛大的舞蹈表演。在选定自己看中的雄鸟后，雌鸟便会和它交配，之后的产卵、孵化等育儿工作都由雌鸟承担。

　　雄性极乐鸟拥有独特的羽饰和绚丽的色彩，它们依靠美丽的外表和华丽的舞蹈"骗取"雌鸟的芳心。雄鸟的求偶舞蹈复杂多变，时间能持续数小时。

雌性园丁鸟对巢穴情有独钟，因此雄性园丁鸟会用草和叶子筑巢，并且会收集一些有颜色的花朵、羽毛、浆果等物品装饰巢穴，希望以此吸引雌鸟。图中的这只缎蓝园丁鸟，用蓝色的物品装饰巢穴。

群居的好处

　　金刚鹦鹉是体形最大的鹦鹉，体长可达1米，主要以植物的果实为食。金刚鹦鹉喜欢群居生活，经常上百只聚集在一起。生活在群体里的好处是敌情出现时同伴会互相提醒，有更多的逃生机会。

　　另外，集体出动更有利于搬运食物。在这方面，切叶蚁做到了极致。体形较大的工蚁会在发现合适的叶片后召集伙伴，然后一起用有力的下颚切下叶片带走。

　　但叶片并不是它们真正想吃的食物。叶片被运到巢穴后会被嚼碎制成菌床，不久后菌床上就会长出大大小小的真菌。这些真菌才是它们真正想得到的食物。

那个小孩想要干什么？

不知道。

说什么呢，那只大鸟！我听到了，我很生气！

嘿，冷静一点儿，真打起来你不是它们的对手。

全体注意！前方有一只食蚁兽，我们要改变路线了。

金刚鹦鹉吞食泥土，据说这是因为泥土里含有的矿物质可以帮助它们中和植物果实中的毒素。

水下的世界

它来了！它们都来了！

果然是"水中狼族"，最好不要将身体的任何部位暴露在它们的视线范围内。

人齿鱼长着和人类相似的牙齿，但它们是素食者，牙齿只用于嗑开落入水中的坚果。

食人鱼会迅速将猎物啃噬到只剩白骨，因此被称为"水中狼族"。不过食人鱼虽然性情凶猛，但它们只有在集体出动时才会大胆地发动进攻。如果只有一条食人鱼，它便不敢贸然行动。

食人鱼在混浊的河水中有效攻击距离不超过25厘米，如果不幸遇到一条电鳗，对方释放的高压电流能同时将30多条食人鱼电死。

好好吃！

兄弟姐妹们，集合！

• 食人鱼

有血腥味！

其实，我和人类是亲戚。

别吹牛！我和吸血鬼还是亲戚呢。

• 河鲀

发电魔来了，快给我让开！

• 人齿鱼

• 吸血鬼鱼

成年水豚体长 1—1.3 米。
成年猪体长 1.3—1.7 米。

水豚是食草动物，也是已知的最大的啮齿目动物，成年后的个头儿和一头猪差不多。

小知识

在亚马孙热带雨林中，河流主要分两种：白水河和黑水河。白水河中的沉积物较多，河水混浊，能见度较低。生活在这里的河鲀因此视觉退化，只能靠听觉寻找食物。与白水河形成鲜明对比的是黑水河，黑水河河水清澈，能见度超过 9 米。黑水河河水颜色看起来有些像红茶茶水，这是由于沿岸腐烂的植物所产生的单宁酸涌入河流导致的。因为河水呈酸性，因此只有拥有特殊本领的鱼类才能在这里生活，如神仙鱼、龙鱼和象鼻鱼。

我是神仙鱼。

我是龙鱼。

我是象鼻鱼。

雨林"巨怪"

森蚺是两栖动物，也是已知世界上最大的蚺，体长可超过 10 米，体重超过 200 千克。它们可以长时间待在水面下捕食水鸟、龟、水豚等动物。成年森蚺是凯门鳄的天敌，它们能将大嘴张开 180 度吞吃凯门鳄，但幼年时期的森蚺却常常被凯门鳄吃掉。

小朋友，我能吃掉你吗？

虽然我很想一睹森蚺的真容，但它却不敢在我面前出现。

吹牛！你真的不怕吗？

森蚺

凯门鳄

森蚺的捕猎方式不是用毒液麻痹猎物，而是用粗壮的躯干盘绕、勒紧对方，使其窒息而死。

大王花是寄生植物，经过数月的生长才会发育出甘蓝大小的花苞，几天之后花苞会完全绽放。大王花拥有世界上最大的花朵，花朵直径可达 1 米，花心像个敞口的坛子，能装下 6 千克左右的水。

再不走我就要晕过去了。

大王花果然名不虚传哪。

因为花朵散发出阵阵臭味，所以大王花有"世界上最臭的花"之称。一些食腐昆虫会被它的味道吸引过去，它因此获得了传播花粉的机会。仅仅三四天后，大王花就会凋谢，化为一滩腐败的黑色物质。

王莲拥有世界上水生植物中最大的叶片，叶片直径近 3 米。

狐蝠是世界上最大的蝙蝠，翼展一般能超过 1.5 米。

43

俾格米人的家园

俾格米人以小群为单位，生活在非洲中部的热带雨林腹地。

俾格米人崇尚森林，男子狩猎，女子采集，财产归集体所有。

欢迎来到我们的家园。

嘿！别抓我！

现在，热带雨林正遭受破坏，树木被无节制地砍伐，动物们东奔西逃却难逃灭绝的厄运。许多俾格米人也失去了曾经的林地，他们的生存及文化延续遭受着严重的威胁。

如今，非洲中部各国政府已相继采取措施，帮助俾格米人改变生活方式，走出森林，参加现代社会生活。

用羊角、龟背壳制成的项链。

用芭蕉叶、棕榈叶搭建的屋子。

男人们用自制的乐器打着节拍。

肉是部落的男子打猎得来的。

水果是部落的女子采集得来的。

首领将食物分配给部落成员。

保护雨林，保护家园

人口增长、城市扩张，为了满足人们建房、修路等需求，雨林中越来越多的树木被砍伐。养牛场、水电厂、采矿厂等也逐渐在雨林周边建立起来。

雨林的生态系统遭到了严重破坏，土壤侵蚀、土质沙化、水土流失……家园被毁的动植物们，有些物种已经悄无声息地从地球上消失了。

原始部落的居民无力抵抗来自外界的侵扰，他们不得不不断迁移到雨林更深处。但是，如果有一天雨林被全部破坏了，他们该去哪里呢？

报告主人，东南方向5千米处出现偷猎者！

我们能为雨林做些什么呢？

报告主人，信件已寄出！

我们给联合国写封信吧。

图书在版编目（CIP）数据

地球的绿肺——热带雨林 / 恐龙小Q少儿科普馆编. —长春：吉林美术出版社，2022.5
（小学生趣味大科学）
ISBN 978-7-5575-7001-9

Ⅰ.①地… Ⅱ.①恐… Ⅲ.①热带雨林—少儿读物 Ⅳ.①P941.1-49

中国版本图书馆CIP数据核字(2021)第210686号

XIAOXUESHENG QUWEI DA KEXUE
小学生趣味大科学
DIQIU DE LÜ FEI REDAI YULIN
地球的绿肺 热带雨林

出 版 人　赵国强
作　　者　恐龙小Q少儿科普馆 编
责任编辑　邱婷婷
装帧设计　王娇龙
开　　本　650mm×1000mm　1/8
印　　张　7
印　　数　1—5,000
字　　数　100千字
版　　次　2022年5月第1版
印　　次　2022年5月第1次印刷

出版发行　吉林美术出版社
地　　址　长春市净月开发区福祉大路5788号
邮政编码　130118
网　　址　www.jlmspress.com
印　　刷　天津联城印刷有限公司

书　　号　ISBN 978-7-5575-7001-9
定　　价　68.00元

恐龙小 Q

　　恐龙小 Q 是大唐文化旗下一个由国内多位资深童书编辑、插画家组成的原创童书研发平台，下含恐龙小 Q 少儿科普馆（主打图书为少儿科普读物）和恐龙小 Q 儿童教育中心（主打图书为儿童绘本）等部门。目前恐龙小 Q 拥有成熟的儿童心理顾问与稳定优秀的创作团队，并与国内多家少儿图书出版社建立了长期密切的合作关系，无论是主题、内容、绘画艺术，还是装帧设计，乃至纸张的选择，恐龙小 Q 都力求做到更好。孩子的快乐与幸福是我们不变的追求，恐龙小 Q 将以更热忱和精益求精的态度，制作更优秀的原创童书，陪伴下一代健康快乐地成长！

原创团队

创作编辑：狸　花
绘　　画：王巧彬
策 划 人：李　鑫
艺术总监：蘑　菇
统筹编辑：毛　毛
设　　计：王娇龙　乔景香